目　次

前　言

本标准按照 GB/T 1.1—2009《标准化工作导则　第 1 部分：标准的结构和编写》的规则编写。

本标准由中国电力企业联合会提出。

本标准由电力行业电力变压器标准化技术委员会（DL/TC 02）归口。

本标准主要起草单位：中国电力科学研究院、长江水利委员会设计院、国网辽宁省电力有限公司、广东电网公司电力科学研究院、中国电力工程顾问集团西北电力设计院、国网吉林省电力有限公司电力科学研究院、中国电力工程顾问集团华东电力设计院、国网新源张家口风光储示范电站有限公司、上海市电力公司电力科学研究院、国网湖北省电力公司电力科学研究院、国网物资有限公司、保定天威保变电气股份有限公司、北京电力设备总厂、山东电力设备有限公司、西安西电变压器有限责任公司、西安中扬电气股份有限公司、顺特电气设备有限公司。

本标准主要起草人：郭慧浩、舒廉甫、王世阁、梁文进、王黎彦、敖明、张淑珍、王晓京、刘少宇、张嘉旻、胡丹辉、佟明、欧小波、张栋、吴玉坤、禹云长、雷绒、舒良、刘燕。

本标准为首次发布。

本标准在执行过程中的意见或建议反馈至中国电力企业联合会标准化管理中心（北京市白广路二条一号，100761）。

ICS 27.100
F 24
备案号：47962-2015

中华人民共和国电力行业标准

DL／T 1389 — 2014

500kV 变压器中性点接地电抗器选用导则

The guide for choice neutral-earthing reactor of 500kV transformer

2014-10-15发布

2015-03-01实施

国家能源局 发 布

500kV 变压器中性点接地电抗器选用导则

1 范围

本标准规定了 500kV 变压器（包括发电厂用 500kV 发电机变压器、变电站用 500kV 自耦变压器）用中性点接地电抗器（简称小电抗）的使用条件、选用原则、技术要求和试验项目。

本标准适用于 500kV 变压器中性点接地用油浸式空心小电抗和干式空心小电抗。

2 规范性引用文件

下列文件对于本标准的应用是必不可少的。凡是注日期的引用文件，仅注日期的版本适用于本标准。凡是不注日期的引用文件，其最新版本（包括所有的修改单）适用于本标准。

GB 1094.2　电力变压器　第 2 部分：液浸式变压器的温升

GB 1094.3　电力变压器　第 3 部分：绝缘水平、绝缘试验和外绝缘空气间隙

GB/T 1094.6　电力变压器　第 6 部分：电抗器

GB 1094.11　电力变压器　第 11 部分：干式变压器

GB/T 2900.15　电工术语　变压器、互感器、调压器和电抗器

3 术语和定义

GB/T 1094.6 和 GB/T 2900.15 中确立的术语和定义适用于本标准。

4 使用条件

4.1 正常使用条件

正常使用条件如下：

——海拔不超过 1000m；

——最高气温＋40℃；

——最热月平均气温＋30℃；

——最高年平均气温＋20℃；

——最低气温-25℃；

——最大日温差 25K；

——最高相对湿度：25℃下为 90%；

——覆冰厚度不超过 10mm；

——污秽等级不超过Ⅲ级；

——地震引发的地面加速度 a_g：水平方向低于 $3m/s^2$，垂直方向低于 $1.5m/s^2$；

——连接方式：首端接 500kV 变压器中性点，末端直接接地。

4.2 特殊使用条件

特殊使用条件如下：

a) 在高海拔环境下的外绝缘：油浸式小电抗按 GB 1094.3 修正，干式小电抗按 GB 1094.11 修正；

b) 在较高环境温度或高海拔环境下的温升和冷却：油浸式小电抗按 GB 1094.2 修正，干式小电抗按 GB 1094.11 修正；

c） 其他特殊使用条件下，小电抗的技术要求由用户和制造厂协商确定。

注：小电抗在特殊条件下使用时，应在询价和订货时特别说明。

5 选用的一般原则

5.1 总则

500kV 发电机变压器中性点接地电抗器用于限制 500kV 侧单相接地短路电流。500kV 自耦变压器中性点接地电抗器用于限制 220kV 侧单相接地短路电流。

5.2 型式

小电抗宜采用户外、单相、油浸式空心型或干式空心型，自然冷却方式。

5.3 绝缘水平

小电抗首端绝缘水平应与 500kV 变压器中性点绝缘水平一致，接地端绝缘水平可取 35kV 级。

5.4 电抗值的选择

5.4.1 对于发电厂用 500kV 发电机变压器，小电抗的电抗值取变压器零序电抗值的三分之一。

5.4.2 对于变电站用 500kV 自耦变压器，小电抗的电抗值应根据系统情况计算确定。当中性点绝缘水平为 66kV 等级时，小电抗的电抗值宜不大于变压器高-中短路阻抗值的三分之一；当中性点绝缘水平为 35kV 等级时，小电抗的电抗值宜不大于高-中短路阻抗值的五分之一。

5.4.3 选取电抗值时应考虑中、远期规划和电抗值的允许偏差。

5.4.4 应计算接入小电抗后变压器中性点的雷电、操作和工频过电压水平。当中性点的过电压幅值超出变压器中性点绝缘水平时，应在变压器中性点加装避雷器或放电间隙。

5.5 额定热短路电流

小电抗的额定热短路电流取单相接地时流过小电抗的最大短路电流的周期分量。

5.6 额定热短路电流持续时间

小电抗的额定热短路电流持续时间宜按 10s 考虑。

5.7 额定机械短路电流

小电抗的额定机械短路电流应取额定热短路电流的 2.55 倍。

5.8 额定持续电流

小电抗的额定持续电流宜选取额定热短路电流的 5%。特殊情况时由用户按需要规定。

5.9 额定容量

小电抗的额定容量为额定持续电流的平方与额定电抗值的乘积。

6 技术要求

6.1 油浸式空心小电抗

6.1.1 损耗

在额定持续电流、额定频率下，绕组参考温度 75℃时，损耗值应小于额定容量的 3%。

6.1.2 噪声

在额定持续电流，额定频率下，声压级应不大于 60dB（A）。

6.1.3 温升限值

在额定持续电流、额定频率下，顶层油温升应不大于 65 K，绕组平均温升应不大于 70K。

在额定热短路电流持续时间内，铜绕组平均温度应不大于 250℃，铝绕组平均温度应不大于 200℃。

6.1.4 电抗允许偏差

电抗实测值与额定值的偏差应在额定电抗值的 0%～10%以内。

6.1.5 阻抗特性

在额定热短路电流范围内，小电抗的伏安特性应为线性。

6.1.6 其他要求

6.1.6.1 小电抗应装有气体继电器、压力释放阀、储油柜及油位计、吸湿器、温度计等。

6.1.6.2 小电抗油箱应能承受真空度为 50kPa 和正压力为 60kPa 的机械强度试验，不得有损伤和不允许的永久变形。

6.2 干式空心小电抗

6.2.1 损耗

在额定持续电流、额定频率下，绕组参考温度 90℃时，损耗值应小于额定容量的 3%。

6.2.2 噪声

在额定持续电流，额定频率下，声压级应不大于 60dB（A）。

6.2.3 绝缘材料耐热等级

绝缘材料的耐热等级应不低于 F 级。

6.2.4 温升限值

在额定持续电流、额定频率下，绕组平均温升应不大于 70K，热点温升应不大于 90K。

在额定热短路电流持续时间内，铝绕组平均温度应不大于 200℃。

6.2.5 电抗允许偏差

电抗实测值与额定值的偏差应在额定电抗值的 0%～10%以内。

6.2.6 阻抗特性

在额定热短路电流范围内，小电抗的伏安特性应为线性。

6.2.7 其他要求

6.2.7.1 导线宜采用纯铝材料。

6.2.7.2 小电抗的整个外表面应涂抗紫外线防护层。

6.2.7.3 金属结构件应采用非导磁材料或低导磁材料。

6.2.7.4 金属附件应进行防锈蚀处理。

6.2.7.5 支柱绝缘子应采用非磁性法兰盘绝缘子，爬电比距应不小于 31mm/kV。

7 试验项目

7.1 油浸式空心小电抗

7.1.1 例行试验

例行试验项目如下：

——绝缘油试验；

——绕组电阻测量；

——额定持续电流时的阻抗测量；

——环境温度下的损耗测量；

——绝缘电阻测量；

——外施耐压试验；

——雷电冲击试验；

——绕组匝间耐压试验。

7.1.2 型式试验

型式试验项目如下：

——额定持续电流下的温升试验。

7.1.3 特殊试验

当用户特殊要求时，应进行下列特殊试验：

——短路试验；

——声级测量；

——额定持续电流下的振动测量。

7.1.4 现场试验项目

现场安装完毕后，应进行下列现场试验：

——外观检查；

——绝缘油试验；

——绕组电阻测量；

——绝缘电阻测量；

——外施耐压试验。

7.2 干式空心小电抗

7.2.1 例行试验

例行试验项目如下：

——外观检查；

——绕组电阻测量；

——额定持续电流下的阻抗测量；

——环境温度下的损耗测量；

——雷电冲击试验；

——绕组匝间耐压试验；

——绝缘子探伤试验（由绝缘子供应商提供测试报告）。

7.2.2 型式试验

型式试验项目如下：

——额定持续电流下的温升试验。

7.2.3 特殊试验

当用户特殊要求时，应进行下列特殊试验：

——短路试验；

——声级测量；

——绕组过电压湿试验；

——外施耐压湿试验。

7.2.4 现场试验项目

现场安装完毕后，应进行下列现场试验：

——外观检查；

——绕组电阻测量；

——绝缘电阻测量；

——绝缘子探伤试验；

——外施耐压试验（可选）。

中 华 人 民 共 和 国

电 力 行 业 标 准

500kV 变压器中性点接地电抗器选用导则

DL / T 1389—2014

*

中国电力出版社出版、发行

（北京市东城区北京站西街 19 号　100005　http://www.cepp.sgcc.com.cn）

北京九天众诚印刷有限公司印刷

*

2015 年 3 月第一版　　2015 年 3 月北京第一次印刷

880 毫米×1230 毫米　16 开本　0.5 印张　10 千字

印数 0001—3000 册

*

统一书号 155123·2320　定价 **9.00** 元

敬 告 读 者

关注我，关注更多好书

刮开涂层
查询真伪

155123.2320